AF330459

DISCUSSION

SUR

L'HYGIÈNE DES HOPITAUX

DISCOURS

PRONONCÉ

A LA SOCIÉTÉ DE CHIRURGIE

DANS LA SÉANCE DU 26 OCTOBRE 1864

PAR M. MARJOLIN,

chirurgien de l'hôpital Sainte-Eugénie.

PARIS

TYPOGRAPHIE DE HENRI PLON,

IMPRIMEUR DE L'EMPEREUR,

RUE GARANCIÈRE, 8.

1864

DISCUSSION

SUR

L'HYGIÈNE DES HOPITAUX.

Messieurs,

Il y a deux ans, lorsque la question de l'hygiène des hôpitaux fut soulevée d'une manière incidente au sein de l'Académie de médecine, les faits graves qui se révélèrent dans le cours des débats eurent au dehors un tel retentissement que l'autorité supérieure et l'administration des hôpitaux s'empressèrent de nommer des commissions pour étudier les réformes les plus utiles à l'amélioration du système hospitalier. C'est probablement par suite des difficultés de la question que ces diverses commissions n'ont pu encore faire connaître au public le résultat si attendu de leurs travaux; mais comme aujourd'hui l'Hôtel-Dieu est à la veille d'être reconstruit, et qu'il est urgent, comme l'a dit notre honorable maître M. Velpeau, que le corps médical se hâte de formuler son opinion pour prévenir certaines mesures fâcheuses, il est du devoir de chacun de nous d'apporter dans cette discussion le résultat de ses études et de son expérience.

Tout d'abord qu'il me soit permis de remercier notre collègue M. Trélat de sa généreuse initiative, car peut-être sans le travail si consciencieux qu'il a soumis aux deux Sociétés de médecine et de chirurgie de Paris, les plans de reconstruction du nouvel Hôtel-Dieu auraient été adoptés sans aucune réclamation, et notre siècle, ce siècle de progrès, aurait laissé élever à grands frais un hôpital qui, malgré tous les enseignements du passé et les recherches modernes, eût été un modèle accompli d'insalubrité. Heureusement son appel a été entendu, et déjà dans la dernière séance, pendant près de deux heures, MM. Lefort et Giraldès ont su captiver votre attention par des discours dans lesquels ils ont exposé, avec autant d'élévation de pensée que de vérité dans les arguments, combien le projet de reconstruction de l'Hôtel-Dieu, tel qu'il semble devoir être adopté, est en opposition avec les données les plus élémentaires non-seulement de l'hygiène, mais même de l'utilité publique.

Nos deux collègues ont envisagé la question d'une manière différente, et il était bien difficile qu'il n'en fût pas ainsi; car, bien que dans cette circonstance elle semble limitée à ces deux points, l'emplacement et le nombre des lits de l'Hôtel-Dieu, il est presque impossible dans la discussion de ne pas aborder quelques autres considérations relatives à la situation actuelle de l'assistance hospitalière. Ne vous étonnez donc pas, Messieurs, si, malgré mon intention d'étudier surtout les deux principales propositions soumises à votre examen, je m'écarte parfois un peu des limites du sujet; ce ne sera, au reste, que dans l'intérêt des malades et pour le bien de la cause. Au risque même de tomber dans des redites, il m'arrivera de revenir sur des questions d'hygiène déjà soulevées; mais comme dans une discussion aussi importante il est des vérités qu'on ne saurait trop répéter, afin de porter la conviction dans l'esprit de ceux qui sont étrangers au sujet, je crois nécessaire de m'y arrêter encore quelques instants.

Après un siècle de nombreuses et justes réclamations, l'Hôtel-Dieu, miné par la main du temps, va être enfin reconstruit; il faudrait être bien ingrat pour contester au premier monument de la charité ses longs et immenses services, et il faudrait être aussi bien aveugle pour ne pas convenir que de tous les hôpitaux de Paris, c'est actuellement le plus incommode pour le service, pour la surveillance, en définitive celui de tous dans lequel il serait le plus impossible d'apporter, même au prix des plus grandes dépenses, la moindre amélioration réelle. Puisque son heure a sonné, saluons une dernière fois l'antique demeure où tant de douleurs vinrent demander un abri et un soulagement; une dernière fois, saluons cette noble enceinte où brillèrent tant d'illustrations, et unissons nos efforts pour qu'au lieu de ces tristes ruines s'élève un édifice digne en tout de la volonté souveraine qui a voulu que la reconstruction de l'asile du pauvre devançât celle du temple des arts et du plaisir!

Examinons donc avec soin les deux questions principales de l'emplacement et du chiffre des malades du nouvel Hôtel-Dieu.

Le premier point dont on doit toujours se préoccuper dans la construction d'un hôpital, c'est le choix de son emplacement. Tous ceux qui ont étudié la question ont insisté sur la nécessité de rechercher un endroit salubre, bien aéré, et une bonne exposition, afin de mettre les malades dans les meilleures conditions ; et si quelquefois , par suite de certaines exigences, on est contraint de se fixer dans un périmètre assez limité , il faut au moins savoir choisir ce qu'il y a de mieux.

C'est dans cette situation que se trouvait la ville de Paris par rapport à la reconstruction de l'Hôtel-Dieu, et en disant la ville, je crois être dans le vrai , attendu que l'administration des hôpitaux , n'ayant pas le choix de l'emplacement, n'a pu prendre que celui qui lui était assigné.

Ceci, Messieurs , est très-regrettable, car du moment que par respect pour une pieuse légende on ne voulait pas éloigner l'Hôtel-Dieu de Notre-Dame, il fallait à l'avance dans cette prévision lui réserver dans la Cité la portion de terrain la plus avantageuse, celle qui longe l'ancien quai du Marché-Noir. Là au moins , bien que l'espace superficiel ne fût que de 16,000 mètres, on avait l'avantage immense d'une large façade en plein midi ; tous les promenoirs se trouvaient dans la situation la plus favorable pour les convalescents; non-seulement l'influence fâcheuse des brouillards de la Seine se trouvait atténuée par l'exposition au midi, mais on était abrité des vents du nord par le palais du Tribunal de commerce.

Aussi je n'hésite pas à dire que l'emplacement qui a été désigné pour la reconstruction de l'Hôtel-Dieu sur le quai nord de la Cité est tellement défavorable que si aujourd'hui il était encore possible , et cela ne serait peut-être pas très-difficile , d'approprier au nouvel hôpital des constructions qui sont à peine commencées sur le quai du Marché-Noir, il y aurait, d'une part , un grand avantage au point de vue de l'hygiène, et de l'autre , ce qui vaut bien la peine d'être pris en considération surtout quand il s'agit du bien des pauvres, une grande économie dans la dépense. Il ne faut pas se le dissimuler , l'acquisition des terrains du quai Napoléon sera beaucoup plus coûteuse que celle des terrains dont nous avons parlé , et de plus , lorsqu'on examine quels travaux considérables il a fallu pour asseoir les fondations de ces divers bâtiments , on a lieu de se demander si pour l'Hôtel-Dieu il est possible d'établir dès maintenant un devis qui ne sera pas dépassé.

Tout architecte prudent ne peut garantir sérieusement le prix d'une construction donnée, qu'à partir du point où elle émerge le niveau du sol. Voyez ce qui est arrivé à l'Opéra ; certes on ne pouvait à coup sûr prévoir dans l'emplacement qu'il occupe, que l'on rencontrerait des obstacles tels, que les fondations seules absorberaient presque la totalité des devis. Des difficultés analogues peuvent se rencontrer pour la reconstruction de l'Hôtel-Dieu, élevé sur un terrain peut-être en-

core moins solide; dès lors, qui peut dès maintenant préciser rigou-
reusement le prix de revient des bâtiments? Ainsi donc, au double
point de vue de l'hygiène et de l'économie, il y a eu une erreur déplorable dans le choix de l'emplacement.

Le choix du terrain n'étant pas possible, il fallait au moins tirer le
parti le plus avantageux de celui qui était assigné, mettre à profit les
remarques faites à propos des fautes commises dans les constructions
de l'hôpital Lariboisière, et utiliser toutes les bonnes idées qui eussent
surgi d'un concours; en un mot, refaire pour l'Hôtel-Dieu ce qui
avait été fait pour l'Opéra.

Aidés de personnes compétentes, les architectes auraient pu sans
peine arriver à un résultat très-satisfaisant, à la condition toutefois
qu'on n'eût introduit dans le programme aucune considération étran-
gère, les obligeant à transformer un hôpital en un monument destiné
à faire soit le pendant d'un autre édifice, soit le complément d'un
embellissement projeté. C'est surtout dans des constructions dont
l'usage est bien déterminé, et où il y a des indications précises toutes
spéciales à remplir, qu'il faut à l'architecte toute sa liberté d'action,
sinon, malgré tout son talent, il sera contraint de sacrifier les amé-
nagements les plus indispensables à des exigences ridicules. Il en
sera de même si, comme aujourd'hui, on ne lui accorde pour remplir
un programme dont l'exécution demande un vaste espace, qu'un terrain exigu; dans ce cas, il sera forcément obligé d'accumuler les constructions les unes sur les autres, et malgré les combinaisons les plus
ingénieuses, il n'arrivera jamais qu'à faire un hôpital manqué.

Tout à l'heure, je disais qu'un architecte, aidé des conseils d'un
médecin, pourrait, en suivant ses avis et en n'étant pas gêné par certaines exigeances, arriver à un plan d'hôpital très-satisfaisant; je ne
change rien à ma proposition, parce que j'ai la conviction qu'un bâ-
timent qui a une destination spéciale, ne peut être réussi, si la personne qui le construit n'est pas très-familière avec tous ses détails
d'appropriation indispensables.

N'en déplaise à MM. les architectes, dont nous admirons les ta-
lents, il faut bien dire que trop souvent ils sacrifient trop aux belles
lignes, à la décoration extérieure, les parties les plus essentielles du
service, et cela dans des monuments d'un usage journalier, dont
toutes les indications sont faciles à saisir. Voyez les escaliers de la
Madeleine, il faut de la lumière en plein jour, et ils sont tellement
étroits qu'ils en sont dangereux. La plupart de nos escaliers de théâtre
sont-ils mieux conçus? Nullement; ils sont tout aussi incommodes,
et si un accident survenait, on s'y étoufferait.

Si je voulais citer d'autres exemples probants, je n'en manquerais

certes pas ; mais j'ai préféré m'en tenir là , cela suffira pour démon-
trer que du moment que les architectes font des fautes aussi graves
dans des constructions d'un usage aussi répandu, ils sont exposés à
tomber dans bien d'autres erreurs, lorsqu'ils sont entièrement étrangers à la question, et que, pour comble de malheur, on les oblige à
remplir un programme dans un espace impossible. La spéculation
seule peut exiger d'eux un pareil labeur ; mais lorsqu'en 1864 Paris
veut reconstruire un Hôtel-Dieu , un hôpital qui devra être le modèle
le plus accompli dans ce genre, il faut que ceux qui seront chargés
de cette importante mission veuillent bien suivre dans leurs plans les
conseils des médecins , seules personnes compétentes.

Jusqu'à ce jour , nous ne connaissons du nouvel hôpital que ce qui
nous en a été dit par M. Trélat, c'est-à-dire un projet tellement mal
conçu que si on l'exécutait ce serait à coup sûr le plus mauvais des
hôpitaux connus , car il réunit tous les inconvénients et toutes les
conditions d'insalubrité que l'on n'a cessé de combattre depuis bientôt près d'un siècle.

Est-ce donc de cette manière que la ville de Paris prétend remplacer l'Hôtel-Dieu ? Nous ne pouvons le croire , et nous devons espérer que ce dernier projet sera repoussé , comme les trois premiers
qui avaient été présentés à l'administration ; il est d'ailleurs bien pré-
sumable qu'aucun plan ne sera définitivement adopté avant que tous
les médecins des hôpitaux en aient eu communication.

L'administration des hôpitaux, qui s'est toujours montrée pleine de
sollicitude pour les malades, ne pourrait dans une question aussi ca-
pitale se priver des conseils et de l'expérience du corps médical sans
manquer à ses habitudes traditionnelles. Il y a plus ; comme antécé-
dent, j'invoquerai la réponse de M. Davenne à M. Malgaigne lors de
la discussion de l'Académie. Les plans primitifs de l'hôpital Lariboisière ne furent adoptés qu'après que le corps médical des hôpitaux
eut été appelé à en prendre communication. Si une mesure aussi sage
a déjà été prise, on ne peut manquer d'y revenir pour prévenir de
nouvelles fautes dans la reconstruction du futur Hôtel-Dieu. Pour
l'instant, je veux m'en tenir à la question du plan général , tous les
autres détails d'aération, de chauffage, d'aménagement et de dispo-
sitions intérieures dans les services ne pouvant être discutés actuellement.

La reconstruction de l'Hôtel-Dieu dans la Cité étant admise , combien de lits devra-t-il contenir ? Convient-il d'en faire de nouveau un
grand hôpital central ? doit-on , au contraire , le limiter au nombre
de lits nécessaires pour les besoins de la population et de l'enseignement ?

Pour la plupart des personnes étrangères à la question que nous traitons, un hôpital est d'autant plus beau qu'il est plus vaste, plus grandiose, et qu'il ressemble plus à un monument. C'est en jugeant ainsi sur les apparences que l'on a établi et consacré dans le monde bien des erreurs, et l'hôpital de Lariboisière, dont nous venons de parler, qui aurait pu être très-bon si on n'avait pas changé les plans primitifs, en est une preuve. Pour nous médecins, qui ne demandons pas des monuments, un hôpital n'est beau qu'autant qu'il est bon, qu'il est bien distribué, et qu'il réunit toutes les conditions d'hygiène requises. Ces qualités si naturelles en apparence sont tellement difficiles à rencontrer que sous ce rapport Paris, qui offre à l'étranger l'ensemble d'hôpitaux le plus vaste et le plus complet que l'on connaisse, ne peut encore présenter, à l'exception peut-être de l'hôpital militaire de Vincennes, un seul type parfait, exempt de tout reproche et que l'on puisse citer comme un modèle accompli.

Vouloir à cette époque, malgré tout ce qui a été dit, reconstruire un hôpital de plus de 350 à 400 lits, et c'est déjà un chiffre élevé dans un espace aussi restreint que celui que doit occuper le nouvel Hôtel-Dieu, ce serait commettre une faute des plus graves.

Je n'insisterai pas devant vous sur les conséquences désastreuses de l'accumulation d'un trop grand nombre de malades; mais il est un fait moral sur lequel je désire attirer votre attention. Il est d'un trop grand hôpital comme d'un collège trop nombreux, toute surveillance est illusoire, le malade comme l'élève est entièrement perdu, abandonné, confondu dans la foule; c'est là une condition fâcheuse qui n'a pas échappé aux partisans de l'assistance à domicile. Il faudrait donc, dans l'intérêt de tous les pauvres qui entrent à l'hôpital, qu'aucun d'eux ne fût pas plus étranger au directeur qu'au médecin, et qu'il les connût tous, comme un bon officier connaît tous ses soldats.

Or, ces relations en quelque sorte de famille, si faciles dans un petit hôpital, cessent d'exister dès l'instant que le chiffre de la population dépasse trois ou quatre cents.

Mais outre ces raisons, il en est une qui se présente de suite à la pensée de la personne du monde la moins au courant des questions hospitalières. Quel est le but de l'établissement d'un hôpital, d'une maison de secours? C'est de venir en aide à la population indigente; la première indication est donc de les placer au centre de cette population. Le nouvel Hôtel-Dieu sera-t-il dans cette condition? Nullement; la transformation de la Cité, qui ne renfermera plus désormais que des monuments ou des administrations; les changements survenus dans les quartiers voisins, qui fournissaient jadis le plus grand nombre de malades, ont fait émigrer au loin sa clientèle, comme vous avez pu vous en convaincre par les relevés de MM. Trélat et Lefort. Dans quel but alors, si l'Hôtel-Dieu ne doit plus se recruter dans les quartiers environnants, maintenir le chiffre de ses lits aussi élevé, alors que sur la rive gauche de la Seine, à peu de distance de lui, on rencontre successivement les hôpitaux de la Pitié, de la Clinique et de la Charité? N'est-ce pas là une mesure fâcheuse pour la population ouvrière? Lorsque l'on réfléchit aux distances énormes que certains malades sont actuellement obligés de parcourir pour gagner l'hôpital le plus proche, on arrive à cette conclusion, qu'au lieu d'augmenter le nombre des lits dans les anciens hôpitaux, toutes les dépenses ne devraient avoir aujourd'hui d'autre but que de les isoler des habitations voisines, de faire cesser un encombrement dangereux, contre lequel tout le corps médical ne cesse de réclamer, et de pourvoir, par la création de petits hôpitaux, aux besoins de certains quartiers populeux, éloignés du centre.

N'est-il pas pénible, lorsque par la mauvaise saison nous rencontrons un malade couché sur un brancard, de penser qu'il n'arrivera quelquefois à l'hôpital qu'après avoir été ainsi promené pendant bien des heures? Puisque nous ne pouvons pas diminuer les distances, ne serait-il pas au moins possible d'adopter, à l'exemple de ce qui a été fait pour l'armée, le même mode de transport en voiture, ce serait déjà une grande amélioration?

Dès l'instant que la population habituelle de l'Hôtel-Dieu appartient à des quartiers éloignés, il n'est plus nécessaire de conserver dans la Cité un aussi grand nombre de lits qu'autrefois; mais, nous dira-t-on, il faut aussi songer à l'enseignement. Certes, nous ne sommes pas de ceux qui s'élèvent contre les cliniques, mais en élevant dans l'ancien centre de Paris un hôpital actif de 300 à 350 lits au plus, il y a là un nombre de lits bien suffisant pour pourvoir très-largement et aux admissions d'urgence et aux besoins de l'enseignement. Comme, outre ces 350 lits actifs, il faut maintenant réserver des salles de rechange, ce qui n'existe malheureusement dans aucun des hôpitaux civils de Paris, il sera bien difficile de trouver dans la Cité un emplacement assez vaste pour disposer convenablement les bâtiments. En définitive, il ne devrait y avoir réellement de place à l'Hôtel-Dieu que pour les malades dont l'état grave ne permet pas le transport.

Est-il également indispensable d'adjoindre à l'Hôtel-Dieu le bureau central? Non-seulement c'est tout à fait inutile, mais comme ce service comporte une foule de renseignements qu'on ne peut obtenir qu'à l'administration centrale, il est beaucoup plus naturel que cette partie soit réunie au chef-lieu. D'ailleurs, plus nous irons, plus il faut espérer que par suite d'une meilleure organisation dans les bureaux de charité, le service du bureau central se simplifiera.

Les relevés administratifs qu'a cités M. Trélat démontrent assez que depuis quelques années le nombre des consultations de l'Hôtel-Dieu et du bureau central décroît, tandis que celui des hôpitaux éloignés du centre va toujours en augmentant. Quelle conclusion tirer de ce fait? C'est que l'ouvrier dont le temps est précieux préférera beaucoup s'adresser à l'hôpital le plus voisin, où il est certain de rencontrer à des jours fixes le même médecin. Là non-seulement il pourra obtenir un avis utile, mais encore dans ces hôpitaux, où il y a un traitement externe, il y trouvera, outre le pansement, des bains et quelquefois des médicaments. Or, comme souvent ces premiers soins donnés à propos ont suffi pour prévenir une affection grave, il faut en favoriser l'extension.

Si vous voulez avoir une idée des services que peut rendre un traitement externe bien institué et régulièrement fait, je vous citerai l'hôpital Sainte-Eugénie. Dans la seule année 1864, 28,069 consultations ont été données en médecine et en chirurgie; de plus, non-seulement les enfants ont été pansés, mais ils ont reçu des cartes de bains et des médicaments. Voulez-vous savoir maintenant quelle somme il a fallu pour faire tant de bien : seulement 10,231 francs! Certes c'est là un beau résultat, bien fait pour réjouir les partisans absolus du traitement externe; mais il faut que j'ajoute un léger correctif qui ne sera peut-être pas du goût de tout le monde, c'est qu'indépendamment de la situation dans un quartier pauvre très-populeux, l'hôpital Sainte-Eugénie n'a vu sa clientèle s'accroître aussi prodigieusement, que parce que dans plusieurs bureaux de charité ce service des consultations et du traitement externe laisse beaucoup à désirer. Pour ne citer qu'un exemple, je dirai qu'il y a des endroits où les malades ne voient leur médecin que tous les huit jours; c'est là une habitude déplorable qui cessera, nous l'espérons, du jour où les consultations des bureaux de charité seront réorganisés sur un pied uniforme. Le traitement externe ne pourra jamais remplacer l'hôpital, mais comme il peut rendre d'immenses services, surtout avec le peu de lits dont nous disposons, il faut au moins qu'il soit partout également bien fait. Ces recherches m'ont amené à un résultat qu'il est bon aussi de vous faire connaître, car il vient encore confirmer ce qui vous a été dit par M. Trélat sur la nécessité d'établir, de préférence à un grand hôpital central, de nouveaux hôpitaux sur les points où les secours font le plus défaut.

De tous les quartiers de Paris, c'est encore le quartier Popincourt qui fournit le plus grand nombre d'enfants admis à l'hôpital Sainte-

Eugénie. En 1863, sur 2,784 enfants entrés à l'hôpital, 607 appar-
tiennent au quartier Popincourt ; 414 au quartier de Reuilly ; 265 au
quartier de Ménilmontant et Belleville. Comme vous le voyez, la propor-
tion est assez forte pour être prise en sérieuse considération. Un autre
chiffre dont il faut aussi tenir compte, c'est celui des enfants fournis
par la banlieue : il arrive le huitième et donne 129. Je le cite, parce
que l'on croit trop généralement que nos hôpitaux ne reçoivent que
les malades domiciliés à Paris, tandis qu'ils doivent recevoir indis-
tinctement tous ceux qui sont domiciliés dans les communes du dé-
partement de la Seine.

Messieurs, si dans cette discussion nous ne devions nous occuper
que de l'emplacement et du nombre de lits du nouvel Hôtel-Dieu,
notre tâche serait bientôt terminée ; mais comme à cette question se
rattache naturellement celle de la réforme hospitalière, qu'il est impossible de passer sous silence, permettez-moi, puisque l'occasion se
présente, de l'aborder avec toute la franchise que réclame un sem-
blable sujet.

Depuis le commencement de ce siècle, de grandes améliorations ont
été introduites dans nos hôpitaux, et cependant, malgré les efforts
constants de l'Administration, il lui reste encore énormément à faire.
De tous côtés, vous entendez dire qu'il y a insuffisance de lits, et
cette insuffisance est telle, qu'outre l'impossibilité de satisfaire aux
exigences d'une population toujours croissante, nos salles d'hôpitaux ne peuvent se reposer qu'à des intervalles très-éloignés ; aussi
ce n'est quelquefois qu'au bout de sept ou huit ans qu'elles sont re-
peintes. Quelle peut être la conséquence de cette occupation forcément prolongée ? Ai-je besoin de vous redire ce qui a été répété tant
de fois dans cette enceinte et devant d'autres compagnies savantes,
par les personnes les plus autorisées ? Les résultats de nos opérations
sont déplorables !

Je ne veux ici établir aucun terme de comparaison avec les hôpitaux de l'étranger, je ne m'occupe que des faits que nous connaissons
tous, de ceux qui se passent journellement sous nos yeux ; or, il est
bien évident, d'après les relevés, que nous sommes beaucoup plus
malheureux que dans les petits hôpitaux de province. N'est-il pas pénible d'avouer que dans une ville comme Paris, qui fait tout pour
s'assainir, se transformer, il n'y ait aucun hôpital civil installé de
telle sorte qu'il y ait des salles de rechange, pour que chaque salle
puisse tour à tour rester inoccupée pendant quelque temps, comme
cela a été recommandé ?

On s'est beaucoup égayé aux dépens de ceux d'entre nous qui,
après des voyages à l'étranger, avaient cru bon de faire part de leurs

remarques sur l'état des hôpitaux. En vérité, a-t-on répondu, ce sont là de beaux modèles à suivre, ces hôpitaux où l'on gèle tant il y a d'air, où le linge et la literie sont insuffisants, etc., etc. Je vous fais grâce des autres plaisanteries; ces remarques qui sont justes, personne de nous ne les a contestées; il n'y a qu'un seul fait que l'on a oublié : c'est que toutes les grandes idées de réforme hospitalière qui sont nées en France ont été généralement adoptées à l'étranger, dans la plupart des constructions nouvelles.

Mais s'il est très-glorieux pour nous autres Français de voir que c'est à nous qu'est due l'initiative du progrès, il serait bien préférable pour nous de voir mettre à exécution ces mêmes idées dans notre propre pays. On oppose aux réclamations du corps médical son défaut d'entente sur les meilleures conditions hygiéniques. A part quelques nuances, je doute qu'il y ait grand désaccord sur l'ensemble de la question.

Que l'on ouvre les mémoires de Tenon, on y trouvera au moins indiqué tout ce que nous demandons, le choix d'un emplacement salubre, l'isolement complet des hôpitaux, des salles d'une étendue convenable, bien aérées, au besoin séparées pour prévenir la contagion, des lits suffisamment espacés, des promenoirs d'été et d'hiver pour empêcher les malades d'être constamment dans leurs salles. Nous ne demandons rien de plus, car à part quelques détails d'amélioration d'une importance secondaire, on n'a rien fait de mieux et on ne devrait jamais s'écarter de ces données. Comment se fait-il cependant que nous voyions encore aujourd'hui les amphithéâtres de dissection de la Faculté placés juste entre le lycée Saint-Louis et l'hôpital des Cliniques? J'ignore si ce voisinage a une influence fâcheuse, mais je doute qu'il y ait un médecin qui trouve cette réunion conforme aux règles de l'hygiène.

Au demeurant, je crois que nous sommes tous d'accord sur les améliorations à introduire dans les hôpitaux; seulement, comme cela se termine toujours par une question de finances, il est bon qu'une fois enfin on soit bien édifié et sur les nombreuses lacunes à remplir et sur l'insuffisance des ressources de l'administration ; il faut, si nous voulons guérir ses plaies, agir comme avec nos malades, les mettre au grand jour et les examiner avec soin.

On dit et on répète sans cesse dans le monde qu'elle a des biens immenses ; erreur, elle est si peu riche que sans la fermeté de M. Davenne, qui s'opposa sagement à la conversion de ses immeubles en rentes, elle serait aujourd'hui hors d'état d'entreprendre la reconstruction de l'Hôtel-Dieu. Cette mesure était d'autant plus préjudiciable qu'en laissant planer un doute sur la bonne gestion des biens

des hôpitaux , elle la privait pour l'avenir de nombreuses dona-
tions.

Ainsi donc l'administration est loin d'être aussi riche qu'on le pense,
et de plus elle se trouve incessamment obligée de pourvoir aux besoins d'une population toujours croissante et aux exigences nombreuses que réclame l'amélioration des anciens hôpitaux. Pourra-
t-elle jamais arriver seule, sans aide, à satisfaire à tout ? Non, cela est
impossible ; tâchons donc de lui faire obtenir les secours qui lui sont
indispensables en exposant nettement sa situation. Dans le cours de
la discussion, vous avez tous insisté sur les *desiderata* que présentent
les services d'adultes, permettez-moi de vous dire quelques mots des
services d'enfants.

Messieurs, il y a dix ans, si quelqu'un, en parlant des hôpitaux de
Paris, avait dit que c'était la seule ville d'Europe dans laquelle il y
eût un service d'enfants aussi bien établi, il ne se serait pas trompé ;
mais si, se bornant , comme on le fait trop souvent, à cette apprécia-
tion superficielle, il eût dit : C'est parfait, il eût commis une erreur,
car il restait encore bien des malheureux à soulager.

Eh bien, à cette même époque, il s'est trouvé une personne assez
bien inspirée pour faire connaître à l'Empereur et à l'Impératrice la
véritable situation des enfants pauvres ; par un décret impérial l'hôpital
Sainte-Eugénie fut ouvert, et dès la première année, dans cet hôpital
nouveau, complétement inconnu, 2,564 enfants furent reçus. Dix ans
se sont écoulés depuis cet heureux événement , et dans cette période,
sans parler des secours donnés au traitement externe, plus de 28,000
enfants sont entrés dans cette maison. Il faudrait être d'une ingrati-
tude révoltante pour taire un pareil bienfait, et quand on voit tout
ce qu'en un instant une volonté souveraine peut faire de bien lorsque
la vérité lui est exposée, je dis que ce serait manquer à notre mission, aujourd'hui que la reconstruction de l'Hôtel-Dieu est à l'ordre
du jour, en lui cachant la véritable situation de nos hôpitaux, car
elle seule peut couronner l'œuvre magnifique qu'elle a si bien com-
mencée, par la réforme la plus éclairée et la plus complète de notre
système hospitalier. Il faut donc, comme je vous l'ai dit, mettre à nu
nos plaies, et la plus grande, c'est l'insuffisance des lits. Ainsi, malgré
plus de 1,400 lits d'enfants répartis entre les hôpitaux de Paris,
Berck, Forges, et la Roche-Guyon , nous avons encore aujourd'hui à
Sainte-Eugénie 371 enfants inscrits pour être admis. Tous, il est vrai,
sont loin d'être également malades ; dans ce nombre beaucoup n'ont
que des affections légères, qui guériront au traitement externe ; je
sais même que quelquefois ces enfants sont inscrits dans les deux
hôpitaux ; mais il y en a aussi un certain nombre qui ont des affec-